BEI GRIN MACHT SICH IHR WISSEN BEZAHLT

- Wir veröffentlichen Ihre Hausarbeit,
  Bachelor- und Masterarbeit

- Ihr eigenes eBook und Buch -
  weltweit in allen wichtigen Shops

- Verdienen Sie an jedem Verkauf

Jetzt bei www.GRIN.com hochladen
und kostenlos publizieren

Lebensmittelwissenschaftliche Übungen zur Maillard-Reaktion, Emulsionen, Sauermilchprodukten und Konservierung durch Sorbinsäure

Laura Fröhlich

Bibliografische Information der Deutschen Nationalbibliothek:

Die Deutsche Nationalbibliothek verzeichnet diese Publikation in der Deutschen Nationalbibliografie; detaillierte bibliografische Daten sind im Internet über http://dnb.d-nb.de abrufbar.

ISBN: 9783346868336
Dieses Buch ist auch als E-Book erhältlich.

© GRIN Publishing GmbH
Trappentreustraße 1
80339 München

Druck und Bindung: Books on Demand GmbH, Norderstedt Germany
Gedruckt auf säurefreiem Papier aus verantwortungsvollen Quellen

Das vorliegende Werk wurde sorgfältig erarbeitet. Dennoch übernehmen Autoren und Verlag für die Richtigkeit von Angaben, Hinweisen, Links und Ratschlägen sowie eventuelle Druckfehler keine Haftung.

Das Buch bei GRIN: https://www.grin.com/document/1355530

International University

of Applied Sciences

Internationale Hochschule

Fernstudium Ernährungswissenschaften

Projektarbeit

DLBEWPLWU01 – Projekt: Lebensmittelwissenschaftliche Übungen

Karolin Autenrieth

Lebensmittelwissenschaftliche Übungen

Maillard-Reaktion, Emulsionen, Sauermilchprodukte, Konservierungen

eingereicht am 21.09.2020

Laura Fröhlich

I. Inhaltsverzeichnis

II.   Abbildungsverzeichnis

Abbildung 1: Amadori-Umlagerung Quelle: Wiechoczek, Chemie Unterricht, 2013

Abbildung 2: Strecker-Aldehyde Quelle: ChemgaPedia Enzyklopädie, 2020, S. 691

III.   Abkürzungsverzeichnis

ADI	acceptable daily intake
AGE	advanced glucosylation end products
ca.	circa
d.h.	das heißt
HAA	heterocyclische aromatische Amine
HLB	hydrophile-lipophile-balance
Jhds.	Jahrhunderts
max.	maximal
Min.	Minuten
mind.	mindestens
u.a.	unter anderem
z.B.	zum Beispiel

1. Maillard-Reaktion

1.1 Ziele und Vorbereitungen

Die Zubereitungsweise von Lebensmitteln spielt eine große Rolle, sowohl privat als auch in der Lebensmittelindustrie. Je nach Art und Weise der Zubereitung finden zahlreiche biochemische Reaktionen in Abhängigkeit zu den funktionellen Eigenschaften der Lebensmittel statt. Diese Zubereitungseffekte zu erforschen und weiterzuentwickeln, ist Teil der Lebensmitteltechnologie und -chemie (Otto, 1996/97).

Eine chemische Reaktionskette, die sich überaus häufig abspielt und Ursache unzähliger schmackhafter Lebensmittel ist, bildet die Maillard-Reaktion (ChemgaPedia Enzyklopädie, 2020, S. 51). Diese nicht-enzymatische Bräunung wurde 1912 von Louis Camille Maillard erstmalig entdeckt (Eisenbrand & Schreier, 2006, S. 691). Dabei reagieren reduzierende Zucker mit Aminosäuren unter Hitzezufuhr und es bilden sich hunderte Geschmacks-, Aroma-, Farb- und antioxidative Stoffe (ebd.). Davon betroffen sind gebratene, gebackene und geröstete Lebensmittel, wie Brot, Fleisch, Kaffee und Karamell (ChemgaPedia Enzyklopädie, 2020, S. 51). Die Maillard-Reaktion wird auch für die Herstellung von Zuckercouleur eingesetzt (Eisenbrand & Schreier, 2006, S. 692). Die Erhitzung ist Grundlage für eine ausreichende Reaktionsgeschwindigkeit (Wiechoczek, Chemie Unterricht, 2013). Nichtsdestotrotz kann sie auch bei Kälte ablaufen, woraus auch unerwünschte Reaktionsprodukte resultieren können (ebd.). So kommt es bei der Lagerung weniger Lebensmittel zu Fehlaromen („off flavor"), Farbveränderungen, sowie zu Verlusten von essentiellen Aminosäuren (Lysin, Methionin) (ebd.).

Doch nicht nur die Lebensmittelindustrie profitiert von der Maillard-Reaktion, denn auch in der Kosmetikindustrie findet sie Anwendung in Selbstbräunern, indem Dihydroxyacetonphosphat mit den Amino-Gruppen der Haut-Keratine reagiert und farbige Maillard-Produkte bildet (ChemgaPedia Enzyklopädie, 2020, S. 51).

Selbst im menschlichen Organismus finden Maillard-Reaktionen, z.B. in Form von Fructosylierung von Proteinen, wobei advanced glucosylation end products (AGE) in den Zellen und im Bindegewebe entstehen (ebd.). AGEs stehen im Zusammenhang mit Erkrankungen, wie Diabetes mellitus, Nierenversagen, Arterienverkalkung und Katarakten des Auges (ebd.).

Die genauen Reaktionsvorgänge der Maillard-Reaktion in Lebensmitteln zu veranschaulichen ist Ziel des folgenden Projekts. Dabei werden die Beobachtungen und Ergebnisse beim Backen zweier Kuchen, bezüglich des Themas, miteinander verglichen. Im Anschluss werden die dabei stattfindenden lebensmittelchemischen Reaktionen erläutert.

1.2 Untersuchung der Maillard-Reaktion beim Backen

1.2.1 Materialien

Küchenwerkzeuge:

- Backofen
- Gitterrost
- Mini-Kastenform 10,5 x 5 cm
- Schüssel
- Rührbesen
- Kuchenrost
- Küchenwaage
- Messbecher
- Teigschaber
- Topflappen

Zutaten:

- 2 x 65 g Weizenmehl Typ 550
- 2 x 4 g Backpulver
- 2 x 10 g Maisstärke
- 2 x Prise Bourbon-Vanille
- 50 g Zucker/4 ml flüssiges Stevia
- 2 x 30 ml Sonnenblumenöl
- 2 x 60 ml Sojadrink

1.2.2 Durchführung

Es wird ein Kuchen mit Zucker und ein zweiter mit Stevia, anstelle des Zuckers, nach demselben Rezept hergestellt.

Vorerst wird der Backofen auf 180 °C Ober- und Unterhitze vorgeheizt und die Kastenform mit etwas Öl eingefettet.

Das Mehl wird mit dem Backpulver in einer Schüssel vermischt. Anschließend werden alle weiteren Zutaten hinzugefügt und mit einem Rührbesen zu einem glatten Teig verrührt. Nun wird er, mit Hilfe des Teigschabers, in die Kastenform gefüllt und glattgestrichen. Die Form wird im unteren Drittel des Backofens auf den Gitterrost geschoben. Die Backzeit beträgt insgesamt ca. 30 Minuten. Nach dem Herausnehmen wird er noch ca. 5 Min. in der Form stehen gelassen, dann gelöst und zum Abkühlen auf einen Kuchenrost gestürzt.

Derselbe Prozess wird mit dem zweiten Kuchen wiederholt, nur hierbei wird Stevia, anstelle des Zuckers verwendet.

1.2.3 Ergebnis

Bei der Zubereitung des Kuchens mit Zucker entsteht ein glatter, geschmeidiger, klebriger Teig, der sich leicht gießen lässt. Er hat eine vanille-weiße Farbe und riecht süßlich nach Vanille. Bei genauerem Hinsehen kann man die Zuckerkristalle erkennen. Im Ofen beginnt er zu steigen und sich zu wölben. Die Kruste wird langsam braun, hart und knusprig. Nach Hinausnehmen hat der Kuchen eine deutliche Wölbung mit stark rissiger Struktur. Abgesehen von der Kruste ist er locker, fluffig und nicht sehr trocken, aber auch nicht feucht. Die äußere Farbe ist gold-braun, die innere gelblich. Er riecht süßlich.

Der zweite Kuchen-Teig mit Stevia, statt des Zuckers, ist etwas heller und glatter, als der erste. Die Zuckerkristalle sind nicht mehr zu sehen. Er hat einen neutralen, teigigen Geruch. Im Ofen geht er gleichermaßen auf und wird langsam gold-braun. Nach Herausnehmen hat er eine glatte Kruste mit einer großen Wölbung und einem deutlichen Riss. Der Geruch ist immer noch nicht süßlich, sondern wie ein salziger Teig. Der obere Teil ist nicht so knusprig, wie der erste Kuchen, aber auch mittel-hart. Am Boden sind ein paar kleine Löcher zu erkennen. Das Innere ist etwas feuchter und klebriger, als beim ersten.

1.3 Auswertung

Der Unterschied der beiden Kuchen liegt im Süßungsmittel. Haushaltszucker, Saccharose besteht aus Glucose und Fructose, welche beides reduzierende Zucker sind. Im zweiten Kuchen wird der Zucker mit Steviolglycosiden ersetzt, die aus der Pflanze Stevia rebaudiana extrahiert werden (Frede, 2010, S. 347). Sie sind kalorienfrei und dienen als Süßstoff (ebd.). Da sie um ein Vielfaches süßer sind, als Haushaltszucker, wird nur eine besonders kleine Menge verwendet (ebd.).

Weizen ist ein typisches Mehl, das der Brot-, Teig- und Backwarenherstellung dient (Frede, 2010, S. 637). Der Typ 550 enthält 74% Kohlenhydrate, in Form von Stärke, 14% Wasser, 11% Protein, 1% Fett und 0,5% Mineralstoffe (Otto, 1996/97). Die Weizenproteine sind Albumine und Globuline (ebd.). Daneben gibt es noch Gliadine (Prolamine) und Glutenine, welche gemeinsam den Klebereiweiß Gluten bilden (ebd.).

Während des Backvorgangs beider Kuchen wurden die Voraussetzungen für die Abfolge der Maillard-Reaktion geschaffen. Die reduzierenden Zucker finden sich in der Stärke und der Saccharose, die Aminosäuren sind in den Proteinen des Mehls enthalten und der Backofen liefert die Reaktionsbeschleunigende Temperatur. Insbesondere in den äußeren Partien des Kuchens wird die Stärke zu Dextrinen, Di- und Monosacchariden abgebaut. Die Geschwindigkeit der Maillard-Reaktion hängt von der Konzentration und der Struktur der Ausgangsstoffe, dem Wassergehalt, dem pH-Wert und der Temperatur ab (Eisenbrand & Schreier, 2006, S. 691). Letztere sollte mind. 140°C betragen (Hohmann, 2008). Basische Aminosäuren wie Lysin, Tryptophan und Histidin reagieren überaus schnell (ebd.). Pentosen sind als kleinere Moleküle reaktiver als Hexosen, Di- oder Oligosaccharide (ebd.). Da die Quantität der reduzierenden Zucker bei dem Kuchen mit Saccharose viel höher ist, als bei dem zweiten, wird eine bedeutendere Kruste mit mehr Geschmacksstoffen und Aromen gebildet (Eisenbrand & Schreier, 2006, S. 691). An diesen Aromen sind u.a. Pyrrol- und Pyridin-Derivate, Imidazole, Furane und Pyrane beteiligt (ChemgaPedia Enzyklopädie, 2020, S. 51).

Die mehrstufige Reaktion während der Erhitzung wird in zwei Phasen unterteilt (Otto, 1996/97). Zunächst reagieren die Carbonyl-Gruppen reduzierender Zucker (Glucose, Fructose) mit freien Amino-Gruppen von Aminosäuren (Lysin, Arginin, freie Aminosäuren) (ChemgaPedia Enzyklopädie, 2020, S. 51). Dabei entstehen reaktive Zwischenprodukte die anfänglichen Amadori-Produkte (ChemgaPedia Enzyklopädie, 2020, S. 51).

Abb. 1: Amadori-Umlagerung

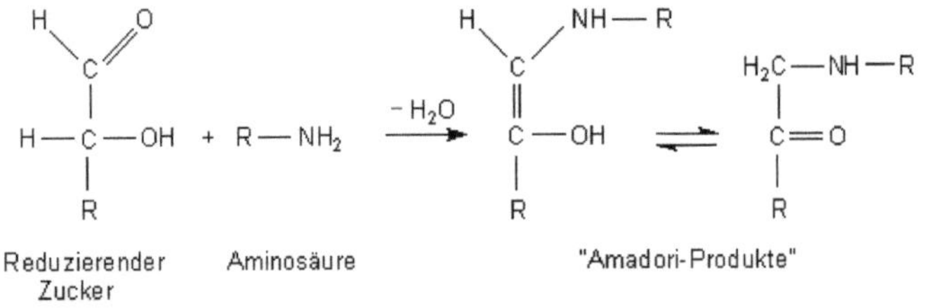

Quelle: Wiechoczek, Chemie Unterricht, 2013

In der zweiten Phase können die Zwischenprodukte verschiedene Folgereaktionen eingehen, wie z.B. den Streckerabbau, Cyclisierungen, Kondensationen und Polymerisationen (Otto, 1996/97). Die weiteren Zwischenstufen lauten wie folgt: 1-Amino-1-desoxyketosen (Amadori-Umlagerung), 2-Amino-2-desoxyaldosen (Heyns-Umlagerung), Furfural oder 5-(Hydroxymethyl)furfural (Erhitzungsindikator in Honig, Traubensaft), Aminoketone (Strecker-Abbau) (ChemgaPedia Enzyklopädie, 2020, S. 691). Der Strecker-Abbau führt ausgehend von α-Dicarbonyl-Verbindungen und Aminosäuren, unter Transaminierung, zu Aminoketonen, CO_2 und Aldehyden, den Strecker-Aldehyden (ebd.). Darunter befinden sich auch Röstaromastoffe, wie Pyrazine, Pyrroline, aliphatische und cyclische Dicarbonyl-Verbindungen und Thiole (Eisenbrand & Schreier, 2006, S. 995).

Tab.: Strecker-Aldehyde

Aminosäure	Strecker-Aldehyd	Formel
Glycin	Formaldehyd	CH_2O
Alanin	Acetaldehyd	$H_3C\text{-}CHO$
Valin	2-Methylpropanal	$H_3C\text{-}CH(CH_3)\text{-}CHO$
Leucin	3-Methylbutanal	$H_3C\text{-}CH(CH_3)\text{-}CH_2\text{-}CHO$
Isoleucin	2-Methylbutanal	$H_3C\text{-}CH_2\text{-}CH(CH_3)\text{-}CHO$

Phenylalanin	Phenylacetaldehyd	$H_5C_6\text{-}CH_2\text{-}CHO$

Quelle: ChemgaPedia Enzyklopädie, 2020, S. 691

Beim Strecker-Abbau entstehende Produkte können erneut Reaktionen eingehen und es entwickelt sich eine Vielzahl unterschiedlicher Verbindungen, die charakteristisch für Geruch, Geschmack und Farbe der Kuchen sind (ChemgaPedia Enzyklopädie, 2020, S. 51). Im Laufe der Zeit bilden sich fortgeschrittene Maillard-Produkte, die advanced glucosylation end products (AGE) (ChemgaPedia Enzyklopädie, 2020, S. 51). Verantwortlich für die braune Kruste sind unlösliche Farbstoffe, namens Melanoidine (Eisenbrand & Schreier, 2006, S. 691). Die Oberfläche des zuckerhaltigen Kuchens ist Aroma-intensiver, da hier zusätzlich Karamellisierungsreaktionen stattfinden (ebd.). „Der Grad der Bräunung wird analytisch zur Abschätzung des Ausmaßes der Maillard-Reaktion benutzt" (ChidS Chemie in der Schule). Für den Geschmack sind u.a. Bitterstoffe verantwortlich, deren Ausgangs-substanz die Aminosäure Prolin ist (ebd.). 2-Acetyl-1-pyrrolin wird aus Ornithin und 2-Oxopropanal gebildet und verursacht die Röstnote der Kruste (Eisenbrand & Schreier, 2006, S. 691). Der Kara-mellgeschmack rührt von dem Pyranon Maltol und 4-Hydroxy-2,5-dimethyl-3(2H)-furanon (Furaneol) her, welche auch in Malz, Kräckern, Kaffee und Kakao enthalten sind (ebd.). Pyrazine weisen häufig extrem niedrige Geruchsschwellenwerte auf (Wiechoczek, Chemie Unterricht, 2013). Zudem kön-nen am Aroma beteiligte flüchtige Verbindungen auch durch Pyrolyse von Kohlenhydraten, Protei-nen, Lipiden und anderen Bestandteilen führen (Eisenbrand & Schreier, 2006, S. 995).

Neben Farbe, Geschmack und Aroma entfalten die, bei der Maillard-Reaktion entstehenden, Ver-bindungen ihre Wirkung auch in Form von Oxidationsschutz (ChemgaPedia Enzyklopädie, 2020, S. 11). So besitzen viele unterschiedliche Moleküle radikalfangende Eigenschaften (ebd.). Im Gegen-satz dazu werden jedoch unter extremen Bedingungen auch Produkte mit mutagenem und carcino-genem Potential u.a. aus Kreatin gebildet (Eisenbrand & Schreier, 2006, S. 692). Starke bekannte Mutagene sind z.B. heterocyclische aromatische Amine (HAA), Imidazochinoline, Acrylamid aus As-paragin und Glutamin und sein Epoxid Glycidamid (Eisenbrand & Schreier, 2006, S. 692; Chem-gaPedia Enzyklopädie, 2020, S. 51). Hierbei ist zu vermerken, umso dunkler die Bräunung, desto größer wird auch das toxische Potenzial (ChemgaPedia Enzyklopädie, 2020, S. 11). Ein weiterer physiologischer Nachteil ist die Reaktion von einigen essenziellen Aminosäuren, so dass sie im Kör-per nicht mehr verwertbar sind (ChemgaPedia Enzyklopädie, 2020, S. 51). Dies ist insbesondere bei der Herstellung von Säuglingsnahrung zu beachten (ebd.).

Neben den Effekten der Maillard-Reaktion, findet bei beiden Kuchen eine deutliche Volumenzu-nahme statt. Das Aufgehen des Teiges mit den Rissen in der Kruste ist auf die Triebkraft der Koh-lensäure aus dem Backpulver zurückzuführen (Fritsch, 2001, S. 18).

2. Emulsionen

2.1 Ziele und Vorbereitungen

Emulsionen spielen in der Lebensmittelindustrie eine große Rolle, denn die Forschung und das Wissen aus der Lebensmittelchemie gestattet, nicht-mischbare Stoffe, durch spezielle Verfahren miteinander zu verbinden und Produkte, wie Butter, Margarine und Mayonnaise zu entwickeln.

Eine Emulsion ist ein disperses System von zwei oder mehreren miteinander nicht mischbaren Flüssigkeiten (Eisenbrand & Schreier, 2006, S. 298). Dabei liegt die innere, disperse Phase in Form feiner Tröpfchen in der äußeren, kontinuierlichen Phase (Dispersionsmittel) verteilt vor (ebd.). Meistens bestehen sie aus Wasser und Öl (ebd.). In Abhängigkeit von der Zusammensetzung und dem Verhältnis der Phasen zueinander, unterscheidet man Öl-in-Wasser-Emulsionen (O/W-Emulsionen), wie z.B. Milch, Mayonnaise und Speiseeis und Wasser-in-Öl-Emulsionen (W/O-Emulsionen), wie Butter und Margarine (ebd.).

Zur Herstellung einer Emulsion, wird eine Flüssigkeit in einer anderen verteilt, wodurch die Oberfläche der dispersen Phase enorm vergrößert wird und die Grenzflächenspannung ansteigt (ebd.). Dabei nimmt der Energiegehalt des Systems zu und dessen Stabilität wird verringert (ebd.). Dafür entwickelte Verfahren sind: kontinuierliche und diskontinuierliche Emulgierung, „Wasser- zur Ölphase", „Öl- zur Wasserphase", „alternierende Emulgierung", „Inversionsmethode" und „low energy emulsification" (ebd.).

Zur Verringerung der Grenzflächenarbeit, werden häufig Emulgatoren, grenzflächenaktive Lösevermittler, eingesetzt (Wiechoczek, Chemieunterricht, 2012, S. 298). Deren HLB-Wert (hydrophile-lipophile-balance) bestimmt, ob sich eine O/W- oder W/O-Emulsion ausbildet (Wiechoczek, Chemieunterricht, 2012, S. 299). Wichtige Emulgatoren sind u.a. Polyphosphate, Lecithine, Alginsäureester und Glyceride von Speisefettsäuren (ebd.). Sie werden z.B. in Fettemulsionen, Speiseeis und Süßwaren eingesetzt (ebd.). Milch als O/W-Emulsion enthält Phospholipide, die als Emulgator fungieren, indem sie als amphiphile Teilchen, Membranen und Micellen bilden können (Hasenauer, 2000, S. 6).

Zur Spaltung einer bestehenden Emulsion bieten sich folgende Methoden an: Erhitzen, Ansäuern, Zentrifugieren, Zusatz von Metall-Ionen, Elektrisches Wechselfeld und Luft durchperlen lassen (Wiechoczek, Chemieunterricht, 2012). Dabei bildet sich die Ölphase zurück, schwimmt auf dem Wasser und kann abgeschöpft werden (ebd.).

Die verschiedenen biochemischen Vorgänge, die bei der Umwandlung einer Emulsion ablaufen, werden im Folgenden, anhand der Herstellung von Butter, näher erläutert.

2.2 Herstellung von Butter

2.2.1 Materialien

Küchenwerkzeuge:

- Großes Schraubdeckelglas mit breiter Öffnung
- Kleines Schraubdeckelglas
- Nussmilchbeutel
- 2 Schüsseln
- Butterdose
- 2 Löffel
- Messbecher

Zutaten:

- 500 ml Sahne
- Eiswasser
- Prise Kochsalz

2.2.2 Durchführung

Die Sahne wird abgemessen und in das große Schraubdeckelglas gegeben. Es wird verschlossen und ca. 20 Minuten kräftig geschüttelt. Daraufhin werden die dabei entstehenden Stoffe voneinander getrennt, indem der Inhalt in ein Nussmilchbeutel gegeben und die Flüssigkeit in eine Schüssel gedrückt wird. Die Flüssigkeit wird in einem kleinen Schraubdeckelglas im Kühlschrank gelagert. Die verbleibenden Butterflocken werden nun unter fließendem Wasser gewaschen. Dann wird die Butter in einer mit Eiswasser gefüllten Schüssel geknetet. Dabei wird eine Prise Kochsalz hinzugefügt. Die fertige Butter wird in einer Butterdose im Kühlschrank gelagert.

2.2.3 Ergebnis

Zu Beginn hat die Sahne eine volle, flüssige Konsistenz und ist weißlich, an der Oberfläche schwimmt dicker, fettiger, schmieriger Rahm. Sie riecht leicht süßlich, nach Milch. Nach ca. 10 Minuten Schütteln, nimmt die Sahne eine hellere Farbe an und es bilden sich buttrige, gelbe Klumpen. Am Ende schwimmt ein großer gelber, unförmiger, fettiger Butterklumpen in einer weißlichen, wässrigen Flüssigkeit. Der Geruch des Klumpens ist nicht mehr so stark, wie der, der Sahne. Beim Abwaschen wird das Abwaschwasser weißlich. Beim Kneten wird der Butterklumpen einheitlicher. Er ist weich, ölig und schmierig.

2.3 Auswertung

Im Experiment wird sichtbar, welcher Prozess bezüglich der Emulsion bei der Butterung stattfindet.

Schlagsahne wird aus Rohmilch hergestellt, indem letztere in einem Separator bei 55 - 60°C in Magermilch und Rahm aufgetrennt wird (Eisenbrand & Schreier, 2006, S. 1040). Sie muss nach der Milcherzeugnis-Verordnung mind. 30% Fett enthalten (ebd.). Sahne ist wie Milch eine O/W-Emulsion, die durch Phasenumkehr zu Butter, einer W/O-Emulsion wird (Ebermann & Elmadfa, 2011, S. 330).

Beim Emulsionsverfahren kommt es durch die Einwirkung von mechanischer Energie in Form von Schütteln bei Berührung mit Luftblasen zur Zerstörung der Hüllmembran der Fettkügelchen (Eisenbrand & Schreier, 2006, S. 158). Dabei tritt aus dem Inneren der Fettmicellen das Butteröl, welches aus kristallinen und flüssigen Anteilen besteht, heraus (ebd.). Anschließend vereinigen sich die emulgierten Fettmicellen und bilden Fettagglomerate (Butterkörner), die auf der wässrigen Phase, der Buttermilch, schwimmen (Ebermann & Elmadfa, 2011, S. 330; Eisenbrand & Schreier, 2006). Die Buttermilch lässt sich nun leicht von dem Butterfett trennen und letzteres kann daraufhin noch geknetet und gewaschen werden (Eisenbrand & Schreier, 2006, S. 158). Die Butter liegt nun als feste plastische Emulsion vor, die per Definition ausschließlich aus Milch und/oder bestimmten Milcherzeugnissen mit 80 – 90% Fett, max. 16% Wasser und max. 2% fettfreier Milchtrockenmasse besteht (Frede, 2010, S. 538). Es handelt sich um Süßrahmbutter mit einem pH-Wert von $\geq$ 6,4 (Frede, 2010, S. 539). Durch vorherige Säuerung des Rahms wird der Vereinigungsprozess erleichtert und man erhält Sauerrahmbutter mit einem pH-Wert von $\leq$ 5,1 (Frede, 2010, S. 538). Industriell erfolgt die Butterung entweder diskontinuierlich im Butterfertiger oder kontinuierlich in der Butterungsmaschine nach Fritz (Eisenbrand & Schreier, 2006, S. 158). Darüber hinaus gibt es das Alfa-Butterungsverfahren zur kontinuierlichen Herstellung bei dem keine Buttermilch anfällt, da keine physikalische Rahmreifung, d.h. keine Fettfraktionierung, erfolgt (ebd.).

Zur Untersuchung von Emulsionen, wurde das turbulente Mischen bzw. Schütteln als Methode verwendet. Weitere Optionen, um Energie in die Phasenmischung zu bringen, sind das Einspritz-Verfahren, Schwingungen und Kavitation (z.B. Ultraschall), Emulgierzentrifugen und Kolloidmühlen oder Homogenisatoren (Eisenbrand & Schreier, 2006, S. 298).

3.   Sauermilchprodukte

3.1   Ziele und Vorbereitungen

Fermentation (lat.: fermentum = Gärung) ist ein Verfahren, das schon seit über 5000 Jahren, zur Herstellung von Lebensmittel, wie Brot, alkoholische Getränke, Essig, milchsaure Gemüse, Fleischwaren, Joghurt, Käse und andere fermentierte Milchprodukte, verwendet wird (ChemgaPedia Enzyklopädie, 2016, S. 1). Bereits Sumerer, Ägypter und Babylonier erlabten sich an Bier und Brot (ebd.). Essig ist das wohl älteste, bekannte, lagerfähige Lebensmittel (ebd.). Die Erkenntnis über

Mikroorganismen als Ursache der Fermentationsprozesse gewann man jedoch erst etwa Mitte des 18. Jhds. (ebd.). Einige Zeit später erfasste man die dabei ablaufenden biochemischen Reaktionen, die zur Produktion von „Alkohol (Bier), Säure (Essig, Joghurt) und Kohlendioxid (Hefeteig)" führen (ebd.). Zu diesem Zweck werden Reinkulturen bestimmter Mikroorganismen, insbesondere Kulturen von Milchsäurebildnern und Mischkulturen, sowie Schimmelpilze und Backhefen verwendet (Frede, 2010, S. 350).

Heute werden ca. 30% aller Lebensmittel, mit Hilfe von Fermentation, hergestellt (Eisenbrand & Schreier, 2006, S. 338). Fermentierte Milcherzeugnisse werden aus Sahne oder Milch unter Zusatz spezieller Säuerungskulturen (mesophile und thermophile Reifungskulturen) produziert (Frede, 2010, S. 536). Milchsäurebakterien, wie z.B. Lactobacillus, Lactococcus, Leuconostoc, Pediococcus, Streptococcus und Tetragenococcus sind als Einstamm-, Einart-, oder Mischkulturen zum Einsatz als Starterkultur im Handel erhältlich (Eisenbrand & Schreier, 2006, S. 744). In der Bäckerei werden sie als Anstellgut bezeichnet (ebd.). Überwiegend werden jedoch keine Starterkulturen eingesetzt und die Fermentationsflora entsteht aus der Prozessführung, wie z.B. bei der Herstellung von Sauerkraut, Oliven und Kakao (ebd.).

Unter die Sauermilchprodukte fallen Sauermilch, Dickmilch, saure Sahne, Creme fraiche, Käse, Kefir und Joghurt (ebd.). Letzterer wird im folgenden Experiment hergestellt und die beiläufigen Reaktionen und Zwischenergebnisse dokumentiert. Im Anschluss werden der lebensmittelchemische Prozess, die Joghurtkulturen und die pH-Wert-Änderung erläutert.

3.2 Herstellung von Joghurt

3.2.1 Materialien

Küchenwerkzeuge:

- Kochtopf
- Rührbesen
- Küchenherd
- Backofen
- Glasschüssel
- Thermometer
- pH-Papier

Zutaten:

- 1000 ml H-Milch
- 50 g Joghurtkulturen/ein kleiner Becher Naturjoghurt mit lebenden Kulturen

3.2.2 Durchführung

Vorerst wird der pH-Wert der H-Milch mit dem pH-Papier getestet. Anschließend wird sie in einem Kochtopf, mit Hilfe des Küchenherds, auf ca. 40 – 45 °C erwärmt. Die Temperatur wird mit einem Thermometer geprüft. Daraufhin wird der Inhalt des kleinen Joghurtbechers hinzugefügt und das Ganze mit dem Rührbesen vermischt. Der Ansatz wird nun in eine Glasschüssel gefüllt und diese mit einem sauberen Küchentuch abgedeckt. Es wird für einige Stunden bei einer Temperatur von 30 – 40 °C im Backofen aufbewahrt. Zum Schluss wird der pH-Wert des entstandenen Joghurt gemessen. Er wird in einem sauberen verschließbaren Gefäß im Kühlschrank gelagert.

3.2.3 Ergebnis

Die H-Milch ist flüssig, weißlich und riecht mild, leicht süßlich. Beim Messen des pH-Werts, färbt sich das Papier hellgelb. Nach Erhitzen und Einrühren des Joghurts in die Milch, verändert sich ihre Konsistenz nicht spürbar. Nach einigen Stunden im Ofen bei 30 – 40 °C hat sich der Ansatz verfestigt und eine gelartige Konsistenz, wie die von Joghurt, angenommen. Es riecht etwas säuerlich. Das pH-Papier färbt sich dunkel-gelb.

3.3 Auswertung

Das Ausgangsprodukt von Joghurt ist Vollmilch oder Sahne, in diesem Fall H-Milch (Eisenbrand & Schreier, 2006, S. 567). Die Ultrahocherhitzung macht sie steril und verlängert somit ihre Haltbarkeit (Eisenbrand & Schreier, 2006, S. 1211). Darüber hinaus wird der Vitamin-Gehalt reduziert und die Molkenproteine denaturieren, wodurch die Synäreseneigung verringert wird (ChemgaPedia Enzyklopädie, 2020, S. 6; Eisenbrand & Schreier, 2006, S. 568). Die vorherige Homogenisierung wirkt einem Aufrahmen entgegen (Eisenbrand & Schreier, 2006, S. 1210). Der Joghurt entsteht mittels Milchsäure-Gärung, wofür Zeit, Wärme und säurebildende Mikroorganismen benötigt werden (Wagner, 1995/96, S. 26). Letztere sind in dem kleinen Joghurtbecher enthalten, welcher als Starterkultur für die Fermentation fungiert. Die vorgeschriebenen Kulturen bei Standardsorten sind Streptococcus thermophilus und Lactobacillus bulgaricus (Eisenbrand & Schreier, 2006, S. 567). Bei Verwendung anderer muss dies mit „mild" deklariert werden (ebd.). Das Wachstumsoptimum der Milchsäurebakterien liegt bei > 42°C, erst dann können sie ein Netzwerk zur Gelbildung in optimaler Geschwindigkeit ausbilden (Wagner, 1995/96, S. 27). In der Milchwirtschaft werden sie auch als Säurewecker bezeichnet (Eisenbrand & Schreier, 2006, S. 744).

In Abhängigkeit zur Art und dessen Eigenschaften, werden auf unterschiedlichen Wegen, aus Lactose neben Acetat und CO_2 verschiedene Arten von Milchsäuren gebildet (Wagner, 1995/96, S. 28). Die drei Fermentationsprozesse sind die homofermentative Gärung, der Bifidus-Weg

(Pentosephosphat) und die heterofermentative Gärung (ebd.). „Die gebildete Milchsäure (2-Hydroxy-Propionsäure) liegt je nach Kultur als L(+) = rechtsdrehendes oder als D(-) = linksdrehendes Lactat oder als Racemat vor" (Wagner, 1995/96, S. 30). Streptococcus thermophilus sind thermophile Kokken, die durch homofermentative Gärung L(+)-Lactat bilden (Wagner, 1995/96, S. 28). Auf demselben Wege bilden die Stäbchen-Bakterien Lactobacillus bulgaricus stärkere Säuren, in Form von D(-)-Lactat (Eisenbrand & Schreier, 2006, S. 569). Durch die Säurebildung sinkt der pH-Wert der Milch von etwa 7 auf 5. Währenddessen zersetzten sich Calcium-Casein-Komplexe und freie Caseinmoleküle aggregieren miteinander (Ebermann & Elmadfa, 2011, S. 327). Anschließend flocken die Aggregate als Gallerte aus und bewirken somit das Dickwerden der Milch (ebd.). Trotz Phasenumwandlung von flüssig nach fest, ändert sich der Wassergehalt nicht (Wagner, 1995/96, S. 26). Für das säuerliche Aroma sind verschiedene Stoffwechselprodukte der Milchsäure-Bakterien, wie Butan-2,3-dion, Dimethylsulfid, Essigsäure, Milchsäure, Acetaldehyd und andere Aldehyde, Ketone und Ester verantwortlich (Eisenbrand & Schreier, 2006, S. 568). Zum Schluss wird der Joghurt gekühlt, was eine Übersäuerung verhindert und zur Stabilität der Gallerte und Aromabildung beiträgt (ebd.).

In der Lebensmitteherstellung unterscheidet man stichfesten mit Zusatz von Magermilchpulver zur Erhöhung der Trockenmasse und gerührten Joghurt (Wagner, 1995/96, S. 29). Genussfähiger Joghurt besitzt einen pH-Wert von 4 – 4,5 und enthält 0,8 – 1,2% Milchsäure, milder Joghurt hingegen nur etwa 0,6 – 0,8% (Wagner, 1995/96, S. 29). Den größten Marktanteil mit ca. 80% besitzt Fruchtjoghurt (Eisenbrand & Schreier, 2006, S. 569). Daneben sind fettarme Joghurts, probiotische Joghurts mit probiotisch wirksamen Bakterienstämmen und präbiotische Joghurts mit Ballaststoffen, „wie Oligofructose oder Inulin, die gesundheitsfördernde Eigenschaften aufweisen", erhältlich (ebd.).

4. Konservierungen

4.1 Ziele und Vorbereitungen

Menschen beschäftigen sich schon seit jeher mit der Konservierung von Nahrungsmitteln und fanden großen Nutzen in der Entwicklung von Verfahren, die, durch Schutz vor Verderb, eine längere Haltbarkeit der Lebensmittel gewährleisten (Schmidt, 2006, S. 17). Im Laufe der Zeit und mit Einbruch der Industrialisierung und den damit verbundenen internationalen Warenaustausch, Verstädterung und wirtschaftlichen Faktoren, wurden immer mehr Konservierungsverfahren entwickelt und optimiert (Schmidt, 2006, S. 3). Das Prinzip blieb jedoch dasselbe, Verderbnis-erregende Mikroorganismen werden entweder getötet oder deren Vermehrung weitgehend gehemmt (ChemgaPedia Enzyklopädie, 2020, S. 3). Auch die in den Nahrungsmitteln natürlich enthaltenen Enzyme werden in ihrer abbauenden Aktivität behindert und so die Nahrungsmittel-Beschaffenheit möglichst lange erhalten (ebd.).

Es gibt zwei Arten von Konservierungsmethoden, die heute nur noch unter standardisierten Bedingungen von Statten gehen und häufig miteinander kombiniert werden (Schmidt, 2006, S. 5, 17). Physikalische Verfahren sind Hitze- und Kältebehandlungen, der Zusatz von Zucker oder Salz und Pökeln (ChemgaPedia Enzyklopädie, 2020, S. 4). Seit Beginn des 19. Jhd. gewannen chemische Verfahren jedoch deutlich an Prävalenz und sind heute weit verbreitet (Schmidt, 2006, S. 17). Dabei handelt es sich um Substanzen, die den Lebensmitteln zugesetzt werden, um das Wachstum von Mikroorganismen zu hemmen (Schmidt, 2006, S. 25). Sie werden nach ihrem Wirkungsmechanismus in drei Kategorien eingeteilt: Konservierungsstoffe, die die Wasseraktivität oder den pH-Wert des Lebensmittels senken oder welche, die auf eine spezifische Weise auf die Zellen der Mikroorganismen einwirken (ebd.). Darüber hinaus unterscheidet man Konservierungsstoffe in weiterem Sinne, wie Kochsalz, Zucker und Essig, welche meist in Konzentrationen oberhalb von 1% zugesetzt werden (Frede, 2010, S. 343). Sie unterstützen oftmals die Wirkung der Konservierungsstoffe im engeren Sinne, wie Salicyl-, Benzoe-, Sorbin- und Propionsäure, schweflige Säure und die HB-Ester, dessen Konzentration unter 0,5% beträgt (Frede, 2010, S. 343; ChemgaPedia Enzyklopädie, 2020). Letztere gehören zu den Zusatzstoffen und sind damit u.a. durch den ADI-Wert (acceptable daily intake) limitiert und unterliegen einem Zulassungsverfahren, da einige auch Allergien auslösen können (Damm, 1997, S. 5; ChemgaPedia Enzyklopädie, 2020).

Sorbinsäure wurde erstmals 1859 von Merck und Hoffmann aus Vogelbeeren extrahiert (Schmidt, 2006, S. 21). Jedoch entdeckte erst Müller im Jahre 1939 bei Untersuchungen von ungesättigten Fettsäuren ihre konservierenden Eigenschaften, was ein Jahr später auch Gooding mit Hilfe von Margarine bestätigte (Damm, 1997, S. 8). Heute ist sie, aufgrund ihrer physiologischen Unbedenklichkeit, der wichtigste und am häufigsten eingesetzte Konservierungsstoff (Schmidt, 2006, S. 21f.). Sie wird in vielen Lebensmitteln angewandt, z.B. in Milcherzeugnissen, Fleisch-, Back- und Süßwaren, Obst- und Gemüseprodukten und Getränken (Schmidt, 2006, S. 97). Im folgenden Projekt wird aus lebensmittelchemischer Sicht erläutert, wodurch die konservierende Eigenschaft der Sorbinsäure herrührt.

4.2 Lebensmittelkonservierung mit Sorbinsäure

4.2.1 Materialien

Küchenwerkzeuge: Zutaten:

- 2 Einmachgläser   - Sorbinsäure

- 2 Glasschüsseln
- Waage
- Löffel

- 2 Scheiben trockenes Toastbrot
- 160 ml destilliertes Wasser

4.2.2 Durchführung

In eine Glasschüssel werden ca. 80 ml destilliertes Wasser gegossen. Hierzu wird solange Sorbinsäure gegeben, bis die Lösung gesättigt ist. Anschließend wird umgerührt und kurz gewartet bis sich ein kleiner Bodensatz gebildet hat. Der Überstand wird nun in ein anderes Gefäß überführt. Zwei trockene Toastbrotscheiben werden so zurechtgeschnitten, dass sie in Einmachgläser passen. Die eine Brotscheibe wird gut mit destilliertem Wasser, die andere mit etwa der gleichen Menge Sorbinsäurelösung durchfeuchtet. Danach werden die Einmachgläser verschlossen, kurz geschüttelt und fünf Tage lang bei Raumtemperatur aufbewahrt. Zum Schluss werden die Brotscheiben entsorgt.

4.2.3 Ergebnis

Zu Beginn des Experiments ist das Toastbrot trocken, hart und creme-farben mit hell-braunem Rand. Es hat viele Luftlöcher und krümelt beim Zerbrechen. Die Sorbinsäurelösung ist klar und mit weißem Pulver zersetzt. Beim Einweichen des Toastbrots wird es weich und matschig. Nach Verstreichen der fünf Tage hat sich auf der in reinem Wasser getränkten Toastbrotscheibe an einigen Stellen ein weißer, grüner und schwarzer, deutlich sichtbarer Schimmelpilz gebildet. Die andere mit Sorbinsäure zugesetzte Scheibe blieb unverändert.

4.3 Auswertung

Im Vergleich der eingeweichten Brotscheiben, kommt es bei nur einer der beiden nach fünf Tagen, durch physikalische, chemische und mikrobiologische Vorgänge zu schweren Verderbsreaktionen (Schmidt, 2006, S. 2). Schimmelpilzsporen gelangen aus der Luft in die Gläser und verändern die sensorischen Eigenschaften des Lebensmittels (Schmidt, 2006, S. 51, 2). So entsteht ein typischer Pilzrasen, der aus Sporenbildungsorganen, Konidien und Sporen besteht (Schmidt, 2006, S. 11). Darüber hinaus erweicht die Konsistenz und es bilden sich ein muffiger Geschmack und Geruch (Schmidt, 2006, S. 12).

Obwohl Schimmelpilze im Allgemeinen nicht sehr anspruchsvoll sind, liegen für dessen Wachstum sehr günstige Umweltfaktoren vor (Schmidt, 2006, S. 3, 12). Schimmelpilze sind chemo- und heterotroph und ihre Atmung ist aerob (Schmidt, 2006, S. 12). Demzufolge gewinnen sie ihre Energie aus den Nährstoffen in der Brotscheibe und nutzen den Sauerstoff im Schraubglas zum Aufbau von

Zellmaterial (ebd.). Ihr optimaler pH-Wert liegt bei 4,5 bis 6,5, also im leicht sauren Milieu (Schmidt, 2006, S. 14). Wasser stellt für die meisten Mikroorganismen eine wichtige Lebensgrundlage dar (ebd.). Schimmelpilze und Hefen bevorzugen daher aw-Werte von über 0,95, sind gegenüber einem Absenken auf bis zu 0,78 jedoch toleranter als Bakterien (ebd.). Die meisten lebensmittelverderbenden Mikroorganismenarten wachsen und vermehren sich im mesophilen Bereich zwischen 5 und 40 °C (Frede, 2010, S. 512). Hefen und Pilze bevorzugen zwar niedrigere Temperaturen von 0 – 5 °C, die Raumtemperatur im Experiment stellt jedoch kein Hindernis dar (ebd.). Mit zunehmendem Zeitfaktor bilden sich neue Sporen und Schimmelpilzkolonien werden auf dem Nährboden sichtbar (Schmidt, 2006, S. 51). Die dabei entstehenden Afla- und Mykotoxine stellen für den Menschen eine gesundheitliche Bedrohung dar (Frede, 2010, S. 513). Da sich das Mycel im gesamten Lebensmittel ausbreitet, sollten sie stets vollständig entsorgt werden, so auch das Untersuchungsmaterial im Experiment (Schmidt, 2006, S. 13). Neben Pilzen können sowohl Hefen als auch Bakterien Ursache von Lebensmittelverderb, -vergiftungen und -infektionen sein (Schmidt, 2006, S. 9). Einige Arten sind jedoch durchaus erwünscht und spielen eine wichtige Rolle in der Herstellung fermentierter Lebensmittel oder verschiedener Hilfsstoffe für die Lebensmittelproduktion von beispielsweise Pektinasen für die Fruchtsaftherstellung und Zitronensäure, mit Hilfe des Pilzes Aspergillus niger (Schmidt, 2006, S. 12).

Die Wirkung des Schimmelpilzes im Versuch kommt jedoch nur bei einer der beiden Brotscheiben zum Tragen. Die zweite bleibt durch den Zusatz der Sorbinsäure konserviert. Doch wodurch verhindert sie das Wachstum von Schimmelpilzen? Chemisch betrachtet ist Sorbinsäure die 2,4-Hexadiensäure (Schmidt, 2006, S. 87). Ihr natürliches Vorkommen in Form ihres Lactons, der Parabionsäure sind u.a. Vogelbeeren zu bis zu 0,1% (Schmidt, 2006, S. 88). Industriell wird sie aus, in Essigsäure enthaltenen 2-Butenal und Keten gewonnen (ebd.). Sie wird vorrangig gegen das Wachstum von Hefen und Schimmelpilzen eingesetzt (Schmidt, 2006, S. 89). Unter den Bakterienarten wirkt sie gegen jene, die das Enzym Katalse besitzen oder strenge Aerobier sind (ebd.). Ihre antimikrobielle Wirkung entfaltet sie im Inneren der Mikrobenzellen in dessen undissoziierten (nach außen ungeladenen) Zustand und durch die unvollständige Zerstörung der Zellmembran (Damm, 1997, S. 10). Zudem können ihre Doppelbindungen kovalente Bindungen mit den Thiolgruppen der Lebensmittelenzyme eingehen und diese dadurch inaktivieren (ebd.). Diese Effekte sind jedoch von der Konzentration der Sorbinsäure im Lebensmittel und dessen pH-Wert abhängig (Schmidt, 2006, S. 92, 97). Bei pH-Werten von 2 – 3 beträgt dies 100%, bei pH 7 nur noch ca. 1% (Schmidt, 2006, S. 97).

Im menschlichen Stoffwechsel wird Sorbinsäure als ungesättigte Fettsäure in der ß-Oxidation vollständig zu Wasser und Kohlendioxid abgebaut, weshalb ihr allergenes Potential nur als gering eingestuft wird (Damm, 1997, S. 10; Schmidt, 2006, S. 88). Demnach fällt ihr ADI-Grenzwert mit 25 mg/kg relativ hoch aus (Damm, 1997, S. 10).

Zwar kann Sorbinsäure auf lange Sicht hin den Verderb eines Lebensmittels nicht vollständig ver-hindern, sie kann ihn jedoch, zum Nutzen der Konsumenten, wirksam hinauszögern. Somit stellt sie im Experiment, als auch in der Lebensmittelindustrie ein effektives Konservierungsmittel dar. In Deutschland sind neben Sorbinsäure (E 200) auch Kaliumsorbat (E202) und Calciumsorbat (E 203) als Zusatzstoffe zugelassen (Schmidt, 2006, S. 88).

IV. Verzeichnis der Anhänge

5. Anhänge und Materialien

5.1. Untersuchung der Maillard-Reaktion beim Backen

Materialien

Kuchen-Teig mit Zucker

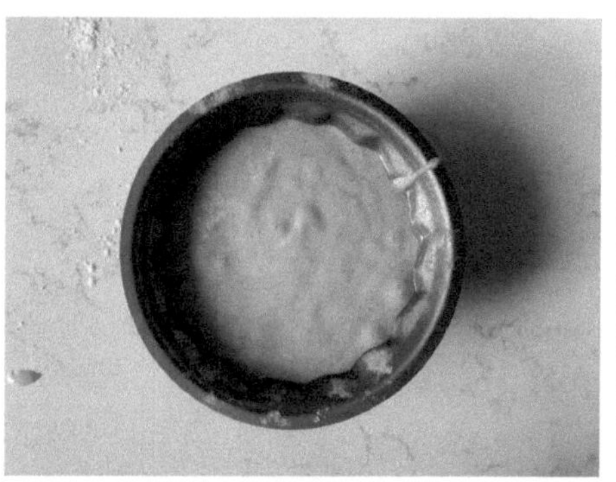

Kuchen-Teig mit Stevia

Kuchen mit Zucker

Kuchen mit Stevia

Kuchen mit Zucker, halbiert

Kuchen mit Stevia, halbiert

5.2.   Herstellung von Butter

Materialien

Sahne vor dem Schütteln

Sahne nach dem Schütteln

Butter nach dem Waschen

Buttermilch

fertige Butter

5.3. Herstellung von Joghurt

Materialien

pH-Wert von H-Milch

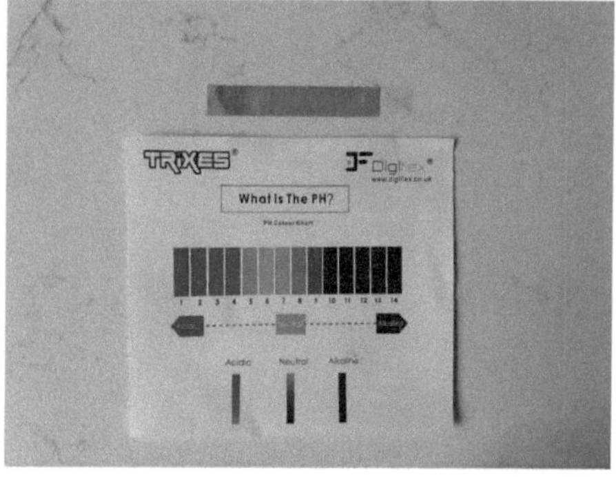

fertiger Joghurt

pH-Wert von Joghurt

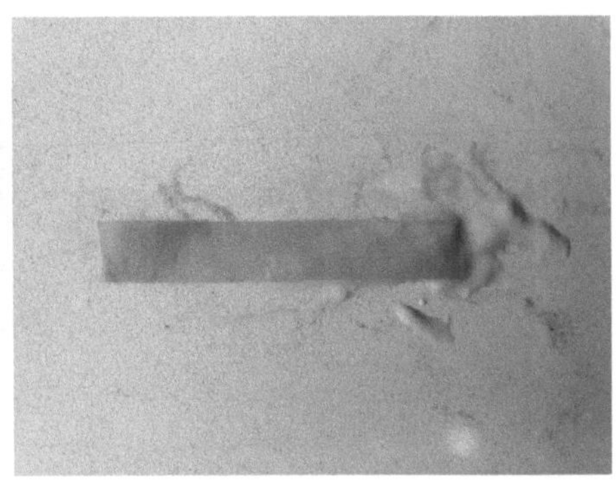

5.4. Lebensmittelkonservierung mit Sorbinsäure

Materialien

Versuchsdurchführung

Toastbrot in Sorbinsäure und Wasser

Toastbrot in Sorbinsäure nach 5 Tagen

Toastbrot in Wasser nach 5 Tagen

V.   Literaturverzeichnis

ChemgaPedia Enzyklopädie. (2016). ChemgaPedia Enzyklopädie. (URL: http://www.chemgapedia.de/vsengine/vlu/vsc/de/ch/16/schulmaterial/fermentation/fermentation.vlu.html [letzter Zugriff: 14.09.2020])

ChemgaPedia Enzyklopädie. (2020). ChemgaPedia Enzyklopädie. Sterilisationsverfahren. (URL: http://www.chemgapedia.de/vsengine/vlu/vsc/de/ch/16/bio/sterilisation/sterilisation_enh.vlu/Page/vsc/de/ch/16/bio/sterilisation/steri_uebersicht.vscml.html [letzter Zugriff: 08.09.2020])

ChemgaPedia Enzyklopädie. (2020). ChemgaPedia Enzyklopädie. Antioxidatives Schutzsystem, die Maillard-Reaktion. (URL: http://www.chemgapedia.de/vsengine/vlu/vsc/de/ch/16/im/antioxsys/antioxsys.vlu/Page/vsc/de/ch/16/im/antioxsys/ages.vscml.html [letzter Zugriff: 08.09.2020])

ChemgaPedia Enzyklopädie. (2020). ChemgaPedia Enzyklopädie. Antioxidatives Schutzsystem kompakt. (URL: http://www.chemgapedia.de/vsengine/vlu/vsc/de/ch/16/im/antioxsys/light/lv_antioxsys.vlu/Page/vsc/de/ch/16/im/antioxsys/light/lv_antioxidanzien.vscml.html [letzter Zugriff: 08.09.2020])

ChidS Chemie in der Schule. (o. J.). Chemie des Brotes. (URL: https://www.chids.de/dachs/expvortr/421Brot_NN_Scan.pdf [letzter Zugriff: 15.09.2020])

Damm, T. (1997). ChidS Chemie in der Schule. Lebensmittelkonservierungsstoffe. (URL: https://www.chids.de/dachs/expvortr/580Lebensmittelkonservierung_Damm_Scan.pdf [letzter Zugriff: 09.09.2020])

Ebermann, R., & Elmadfa, I. (2011). Lehrbuch Lebensmittelchemie und Ernährung. 2. Auflage, Springer Verlag, Wien.

Eisenbrand, G., & Schreier, P. (Hrsg.) (2006). RÖMPP Lexikon Lebensmittelchemie. 2. Auflage, Georg Thieme Verlag, Stuttgart.

Frede, W. (Hrsg.). (2010). Handbuch für Lebensmittelchemiker - Lebensmittel, Bedarfsgegenstände, Kosmetika, Futtermittel. 3. Auflage, Springer Verlag, Berlin.

Fritsch, M. (2001). ChidS Chemie in der Schule. Backe, backe Kuchen... (URL: https://www.chids.de/dachs/expvortr/656Kuchen_Fritsch_Scan.pdf [letzter Zugriff: 09.09.2020])

Hasenauer, M. (2000). ChidS Chemie in der Schule. Milch und Milchprodukte. (URL: https://www.chids.de/dachs/expvortr/655hMilch_Schmidt_Scan.pdf [letzter Zugriff: 09.09.2020])

Hohmann, K. (2008). ChidS Chemie in der Schule. Versuch: Maillardreaktion. (URL: https://chids.online.uni-marburg.de/dachs/praktikumsprotokolle/PP0093Maillardreaktion.pdf [letzter Zugriff: 18.09.2020])

Otto, H. (1996/97). ChidS Chemie in der Schule. (URL: https://www.chids.de/dachs/expvortr/557Lebensmittelzubereitung_Otto_Scan.pdf [letzter Zugriff: 15.09.2020])

Schmidt, C. (2006). ChidS Chemie in der Schule. Konservierung von Lebensmitteln. (URL: https://www.chids.de/dachs/wiss_hausarbeiten/Lebensmittelkonservierung_Schmidt.pdf [letzter Zugriff: 08.09.2020])

Wagner, A. (1995/96). ChidS Chemie in der Schule. Milch und Milchprodukte. (URL: https://www.chids.de/dachs/expvortr/560Milch_Wagner_Scan.pdf [letzter Zugriff: 09.09.2020])

Wiechoczek, D. (2012). Chemieunterricht. Emulsionen und Emulsionsspaltung. (URL: https://www.chemieunterricht.de/dc2/auto/emulsion.htm [letzter Zugriff: 12.09.2020])

Wiechoczek, D. (2013). Chemie Unterricht. Die Maillard-Reaktion. (URL: https://www.chemieunterricht.de/dc2/milch/maillard.htm [letzter Zugriff: 15.09.2020])

BEI GRIN MACHT SICH IHR WISSEN BEZAHLT

- Wir veröffentlichen Ihre Hausarbeit,
  Bachelor- und Masterarbeit

- Ihr eigenes eBook und Buch -
  weltweit in allen wichtigen Shops

- Verdienen Sie an jedem Verkauf

Jetzt bei www.GRIN.com hochladen
und kostenlos publizieren